模型设计与制作

第二版

高职高专艺术学门类
“十四五”规划教材

职业教育改革成果教材

主　编　孙　斌　管学理

副主编　陈先强　彭　泽　陈　婧　李彦琦

参　编　杨东君　瞿思思　李亚萍　于志博

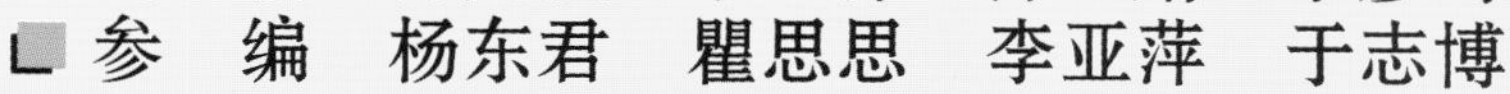

A R T D E S I G N

華中科技大學出版社

http://www.hustp.com

中国·武汉

内 容 简 介

本书共四章：第 1 章为模型概述，第 2 章为模型的材料与工具，第 3 章为模型设计与制作详解，第 4 章为模型设计与制作实训。本书既有模型设计与制作的理论知识，又有模型设计与制作的实践知识。全书讲解深入浅出，图文并茂，能够引导读者较快地掌握模型设计与制作技术。

图书在版编目(CIP)数据

模型设计与制作/孙斌，管学理主编. —2 版. —武汉：华中科技大学出版社，2021.1(2023.1 重印)

ISBN 978-7-5680-6932-8

Ⅰ. ①模… Ⅱ. ①孙… ②管… Ⅲ. ① 模型(建筑)-设计 ②模型(建筑)-制作 Ⅳ. ①TU205

中国版本图书馆 CIP 数据核字(2021)第 013289 号

模型设计与制作(第二版) 孙 斌 管学理 主编

Moxing Sheji yu Zhizuo(Di-er Ban)

策划编辑：彭中军

责任编辑：段亚萍

封面设计：优 优

责任监印：朱 玢

出版发行：华中科技大学出版社(中国·武汉) 电话：(027)81321913

武汉市东湖新技术开发区华工科技园 邮编：430223

录 排：武汉创易图文工作室

印 刷：湖北新华印务有限公司

开 本：880 mm×1230 mm 1/16

印 张：4.25

字 数：138 千字

版 次：2023 年 1 月第 2 版第 2 次印刷

定 价：39.00 元

目录
Contents

第 1 章
模型概述

MOXING SHEJI YU ZHIZUO

所谓设计就是设想与计划。人们将设计对象的设想与计划用平面的方式表现出来的一般是各种类型的图纸,用立体的方式表现出来的一般称为模型。

《说文解字》中注说"以木为之曰模……以土曰型",就是说制作模型的材料与方法。模型的历史在我国可以追溯到很久远的年代。北京天坛、颐和园等皇家建筑,就有用木头、秫秸等材料制作的模型,其工艺具有相当高的水平,在工程建设中发挥出重要的指导作用。

概言之,所谓模型,就是人们所研究的系统过程、事物或概念的一种表达形式(见图 1-1 至图 1-4)。模型设计与制作是设计类专业(园林设计、景观设计、城市规划、建筑设计、环境装饰设计、工业产品设计)的一门重要专业实践课程,以让学生实践设计、动手制作为主的教学方法,提高学生的设计能力、协调能力、美学水平、实践动手能力,培养学生的创造力。

图 1-1 模型欣赏 1

图 1-2 模型欣赏 2

图 1-3　模型欣赏 3

图 1-4　模型欣赏 4

1.1 概念与分类

一、概念

我们说的模型设计与制作，是指依据某种形式或内在联系，进行模仿性的有形制作。通过这种设计与制作过程，培养学生的设计创作能力、动手制作能力和空间想象能力。实际上对设计师的教育是多方面的，其中就包括经过实际的工艺训练，通过熟悉各类材料、工具和工艺程序来系统地研究实际项目的要求，解决实际工程中的问题。

一般来说，最理想的模型设计、制作者就是设计师本人。模型与图纸一样，也是设计师和业主交流的重要工具与语言。

模型制作也是造型艺术，主要包括硬件及艺术表现制作、控制软件制作和传动执行等三部分。模型制作要求理解设计语言和设计内涵，熟悉材料与工具，掌握基本制作方法与技巧，同时要有制图等专业基本知识来支撑。

二、分类

模型可按用途、材料、内容等来进行划分。

1. 按用途分

(1)方案模型：属于工作模型，即构思模型，它的着重点在内容，主要用在设计、投标报建方面。

(2)展示模型：属于实体模型，即比例模型，它的着重点在形象，主要用在展示和施工方面。

2. 按材料分

一般制作模型的材料要考虑以下三个方面的特性：①物理力学、化学性能；②加工性能；③价格与获得性。

常见的模型材料有卡纸、吹塑纸、发泡塑料、有机玻璃、竹、木质材料、金属、综合材料等。

3. 按内容分

模型按内容可分为单体建筑外观模型、室内内视模型、城市规划模型、园林景观模型、工业产品模型(含车、船、飞机、生产设备、生活日常用品、家具等)。

1.2 模型的属性、作用与特点

一、属性

模型的主要属性有三点：一是直观性，它是三维的、立体的设计表现形式，有利于人们对空间、结构、环境的认知；二是时空性，它能够反映设计师的构思发展过程；三是表现性，模型表现出真实与完整的形象。

二、作用与特点

模型的设计与制作所起的最主要作用是设计时完善设计构思，接单时辅助投标、报建，促销时表现设计效果，生产时指导施工。模型最值得称道的特点是它的真实性，模型通过按比例微缩，采用真实的材质、色调表现及配套的声、光、电等实际效果，全方位地体现真实的形象。

1.3 模型的设计与制作程序

一、准备工作

1. 明确任务

在进行模型的设计与制作前要明确模型的类型，再根据模型的类型确定设计和制作标准、模型的规格尺寸、模型所采用的比例和主要的材料、设计制作程序。

2. 准备图纸和工具、材料

图纸有两种来源：一是由业主或委托方提供的现成图纸，只需在制作模型时加以完善；二是需要由设计师进行设计的模型图纸。

“工欲善其事，必先利其器。”在开工前应准备好必要的、合用的工具、设备。

“兵马未动，粮草先行。”设计与制作都离不开材料，准备的材料要符合设计要求，要注意材料的性质，要考虑材料的质感、理化与加工性能以及经济性。选用的材料要满足模型的品种及数量要求。

二、模型设计程序

1. 设计图纸

模型图纸有效果图与制作施工图。效果图是对外观符合视觉习惯的把握，施工图是模型制作的重要依据。

模型图纸的制作施工图可以是工程实施的施工图，当以工程施工图作为模型图纸时，要根据工程实际尺寸按一定比例缩小，具体尺寸根据业主要求和模型制作难度确定。

模型图纸的制作施工图也可以是由设计师按实际制作尺寸标注的模型设计施工图。

在制作模型时模型设计施工图的尺寸与实例是一致的，这样方便下料，不需要再进行比例折算，但对工程实际尺寸状态的反映不全面、不真实；工程实施的施工图用作模型制作的图纸，需要在制作时进行比例折算，但它能真实反映工程实体的尺寸状态，一般情况下用工程实施的施工图作为模型图纸较好一些。

2. 图纸设计步骤

图纸设计，第一要考虑模型的类型，不同类型的模型需要的比例、表现的内容、选择的材料是不一样的。第二，要了解模型的对象，即模型是为谁而制作的，它需要描述和传达什么样的信息。第三，设计文件应准备齐全，包括规划图、平面图、立面图、剖面图，其尺寸均应准确、完整。第四，要准备图纸副本，以便在制作过程中作为辅助工具使用。第五，图纸应适当表达制作技术，如材质、工具、机械、技能与经验等。第六，设计图纸要有方便制作的工作流程安排，即合理的工序和方法，以保证模型质量。最后，根据以上要求画出草图，草图应体现三维变化的视觉效果，然后画出制作模型的基本尺寸比例图。

三、模型制作程序

模型制作前要准备好工作场地、合适的工作台和工具设备、足够的材料和制作图纸。

单体模型(以建筑模型为例)在制作时，一般是准备好图纸、材料、工具，按图纸比例尺寸在材料上分别绘制地面、楼面、墙体和屋面的图形；然后用工具切割材料达到设计要求；最后按顺序连接各部件，形成单体模型。其常规组装顺序是固定地面、拼合墙面(内含支撑体体系)、拼合屋面。

一般景观模型制作的步骤是先做底座，接下来完成地形地貌、绿地、交通、水体及环境配套，如汽车、人物。建筑物可单独制作，然后在完成绿地、交通、水体设施制作的设定区域安装置入。最后完成设计需要的声音、灯光、电气控制、气雾等，并安置铭牌、指北针等装置，完整地表达模型整体，使人印象深刻、过目不忘。

第 2 章

模型的材料与工具

MOXING SHEJI YU ZHIZUO

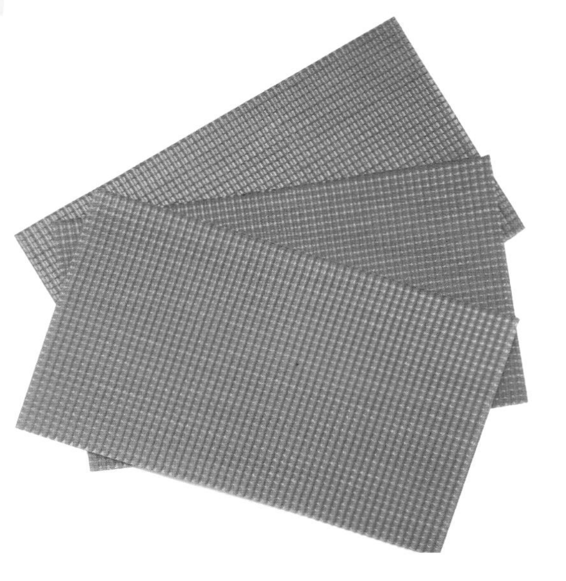

2.1
材　　料

一、主材

制作模型的主体部分的材料，即表现模型实体的材料称主材。主材主要有纸质材料、木质材料、塑料材料、金属材料几大类。

1. 纸质材料

纸质材料价廉物美，品种、规格、色彩多，易加工。纸质材料的缺点是物理性能差，易变形，黏结速度慢。纸质材料主要有克重和厚度、形态区别，主要加工工具为剪刀和刀片。常见的纸质材料有以下几种：①打印纸（80 g/m^2）；②绘图纸（150 g/m^2）；③纸板（0.5～4 mm）；④瓦楞纸（见图 2-1）；⑤装饰纸，如不干胶纸、吹塑纸、仿真纸、涤纶纸、锡箔纸、绒面纸等。

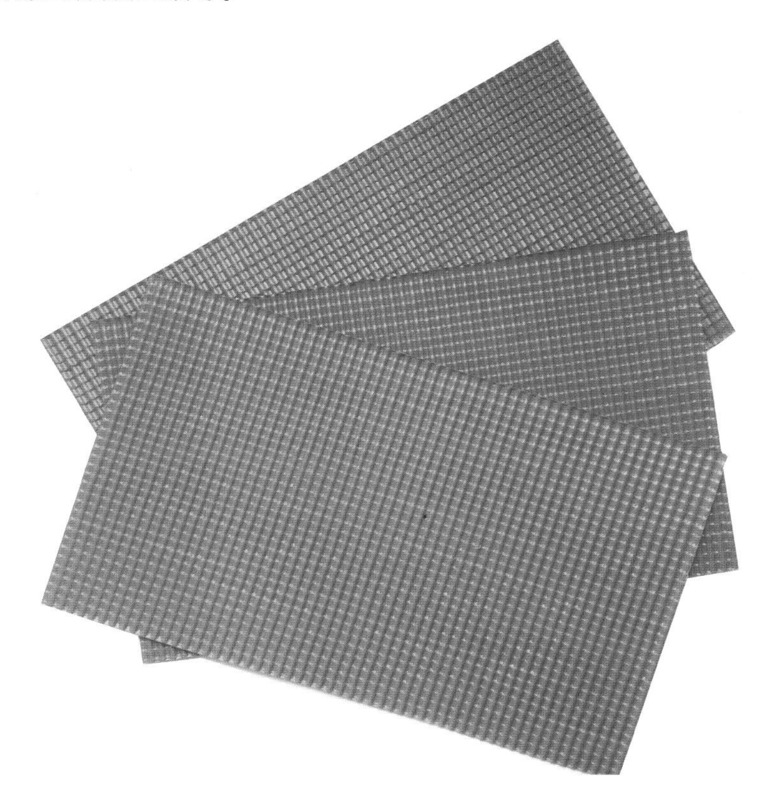

图 2-1　瓦楞纸

2. 木质材料

木质材料包括原木和人造板材，一般市场也有专为模型制作加工好的木条、木板及木制配件，如柱、梁、板、台阶、栏杆、门、窗等，但尺寸不一定符合模型的制作要求。

木质材料的性能特点：一般含水率为 14%左右，密度为 0.4～0.8 kg/m^3，抗压力学性能良好，抗剪力较差。总的来说，木质材料质轻，纹美，可塑性强，容易加工，绝缘性好，可以油饰，但木质材料是各向异性材料，易变形，易燃烧，使用时还要注意节疤、裂纹、变色等问题。

常用的木质材料有原木、木皮、多层胶合板、单板、细木工板、指接板、密度板、刨花板等（见图 2-2 和图 2-3）。

图 2-2　木芯板

图 2-3　木板

图 2-4　PVC 板

3. 塑料材料

塑料的优点是质轻，强度高，耐化学腐蚀性好，绝缘性好，热塑性材料可受热成型，且效果好，其缺点是加工麻烦。

ABS——丙烯腈（A）、丁二烯（B）、苯乙烯（S）三种单体的三元共聚物，常见厚度在 0.3～5 mm 之间。

PVC——聚氯乙烯，分硬板、软板、透明板三种，常见厚度在 0.5～20 mm 之间（见图 2-4）。

亚克力——有机玻璃，常见厚度在 1～8 mm 之间（见图 2-5）。

图 2-5　有机玻璃板

塑料的加工常用勾刀、钢锯、手工刨等手工工具。黏结用 502、丙酮、氯仿等胶料。

4. 玻璃及玻璃钢

玻璃硬度高、透明度高，但性脆、易破损，常见厚度在 2～15 mm 之间。玻璃钢由树脂加玻璃纤维构成，其优点是强度高，破损安全性好，成型工艺性优越，可批量制作，表面涂饰性强；缺点是耐磨性差，翻模制作麻烦。

5. 金属材料

金属材料品种多，物理力学性能好，耐久、耐候性强，常见的品种包括钢、铜、铝、锌、锡等类型的板材、管材、线材等，加工时需要合适的钳子、剪刀及钻孔、刀削、铣磨专用设备。

6. 石膏、油泥、纸黏土

石膏材料成型方便，易于加工，但容重大，易损坏，同其他材料连接性能差。

油泥材料可塑性强，易加工，不易开裂，能涂饰，但存在尺寸准确性难把握、强度不高、成本高等问题。

纸黏土是由纸浆、纤维、胶水等组成的混合物，可塑性强，干后较轻，但干后收缩率大。

二、辅材

在模型制作过程中起辅助作用，即不表现模型实体的材料称辅材，主要有各种黏结剂、清洁剂、连接件等材料。

1. 黏结剂

在模型制作中，常常用各类黏结剂把不同材料的零部件连接起来，组成立体模型。黏结剂分为有化学反应及无化学反应两种类型。

1)有化学反应的溶解型黏结剂

常见的有丙酮、三氯甲烷(氯仿)(适宜 ABS 板、有机玻璃),502 胶、立时得胶、801 强力胶,U 胶等。此类胶一般会侵蚀板材、玻璃漆面,并有挥发毒性,使用时要小心,注意使用安全。

2)无化学反应黏结剂

常见的主要有白乳胶、普通胶水、喷胶、单面和双面胶带等。(见图 2-6 至图 2-8)

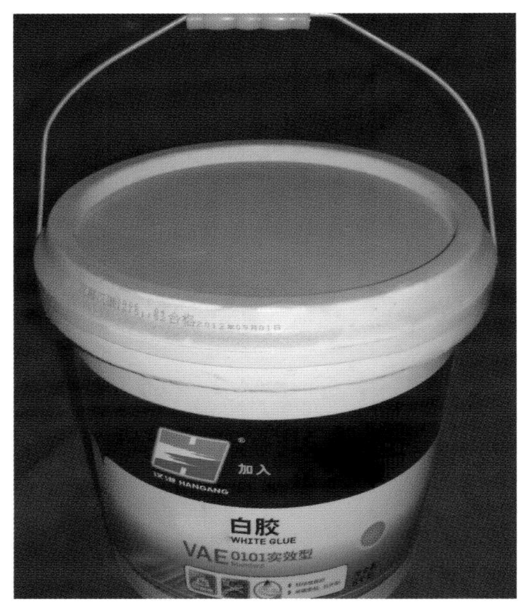
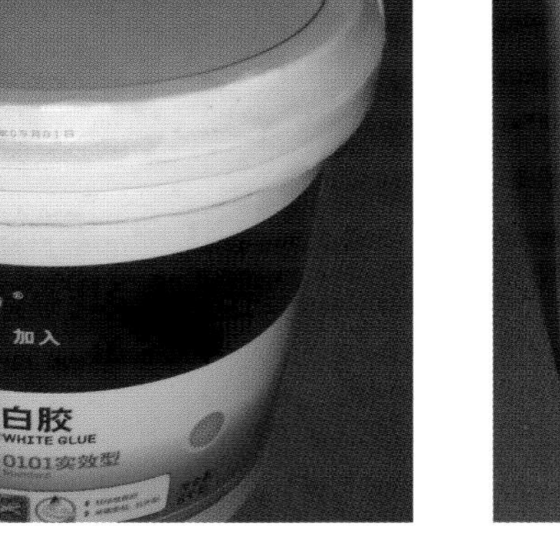

图 2-6　白乳胶

图 2-7　太棒胶

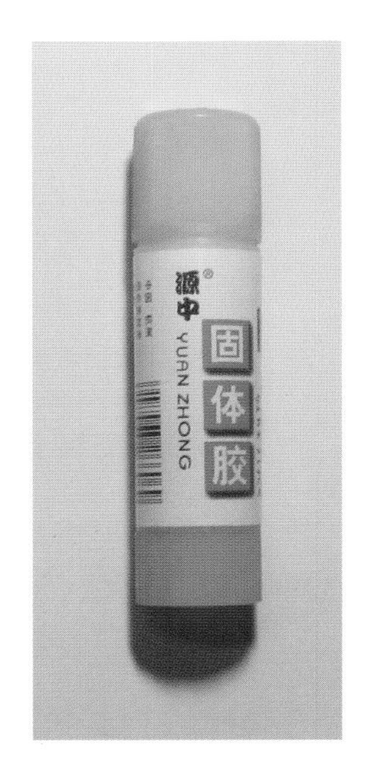

图 2-8　固体胶

2. 清洁剂

在模型制作中可能使材料及成品表面产生污染,需要清洗,常见清洗用的清洁剂有酒精、松节水、二甲苯等。一般清洁剂易燃,在使用过程中要避开明火、高温,二甲苯有刺激性,还要注意通风。

2.2 设备与工具

从某种意义上讲,工具与设备影响、制约模型的制作质量和进度。因此,选择使用工具与设备是一项重要的工作。

一、测绘工具

在模型制作过程中,经常会有测量、画线操作。常用的测绘工具如下:

(1)比例尺(三棱尺):测量、换算图纸比例尺寸的工具。

(2)直尺、三角板、丁字尺:测量尺度和角度、画线的工具(见图 2-9 和图 2-10)。

(3)卷尺、弯尺、蛇尺:测量和绘制直线、曲线的工具(见图 2-11)。

图 2-9　尺 1

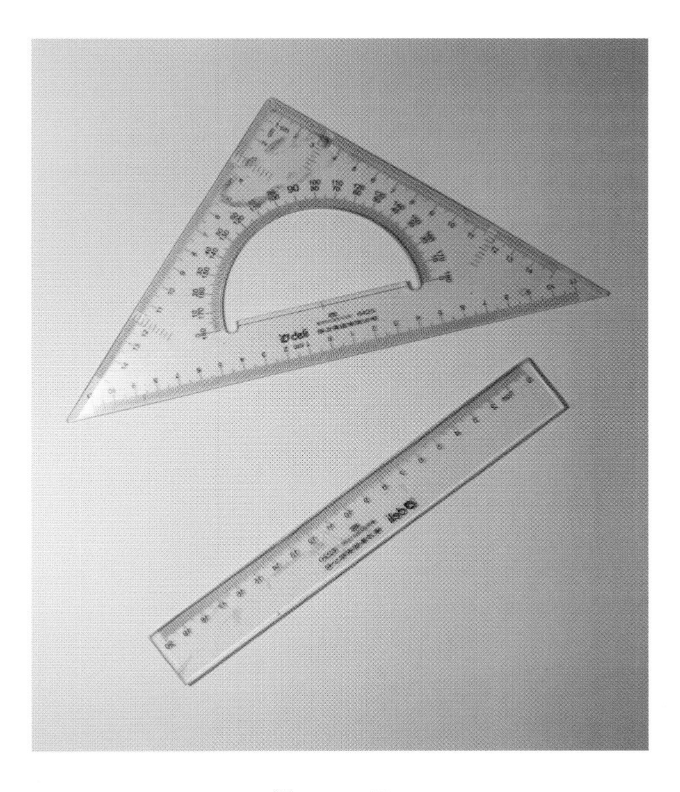

图 2-10　尺 2

图 2-11　卷尺

(4)游标卡尺:精确测量物体内外径的量具(见图 2-12)。

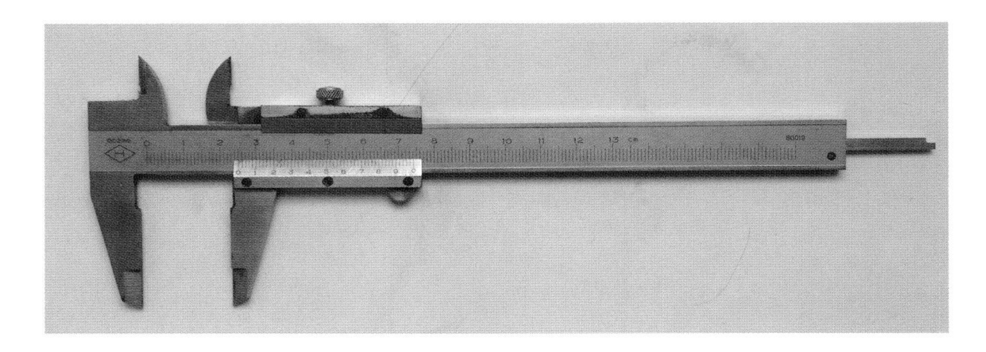

图 2-12　游标卡尺

(5)圆规、分规:测量、等分线段、角度,绘制圆与椭圆的工具(见图 2-13)。

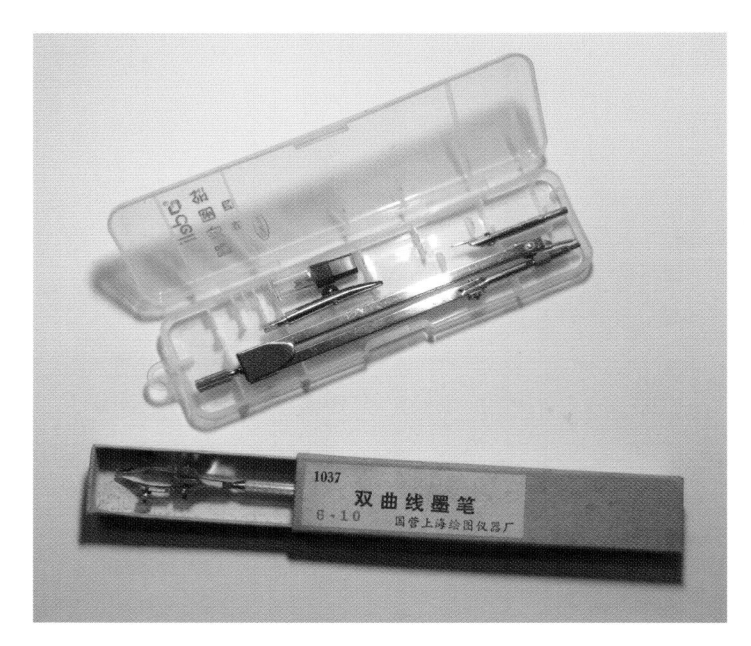

图 2-13　圆规与分规

(6)模板:测量、绘制不同形状图案的工具(见图 2-14 和图 2-15)。

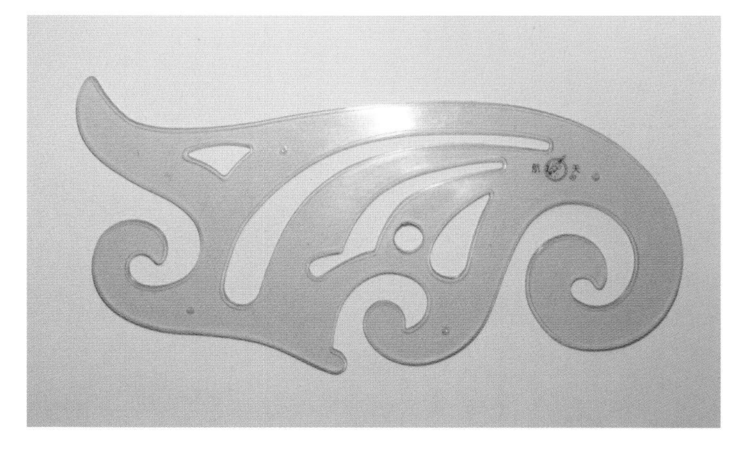

图 2-14　曲线板

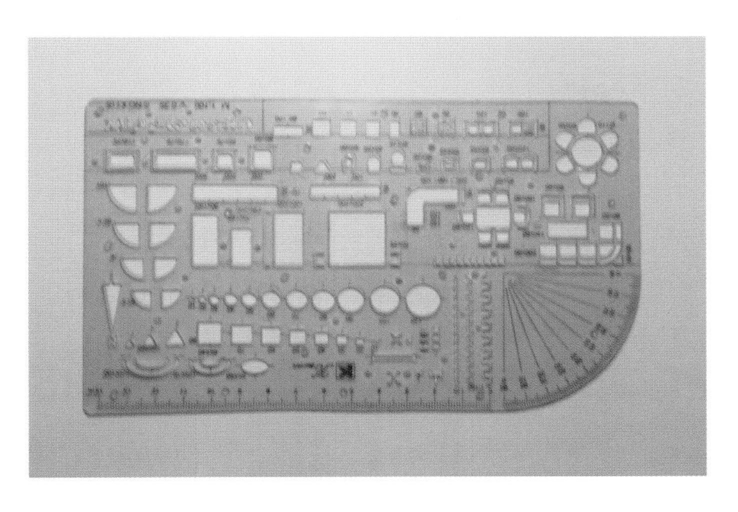

图 2-15 绘画模板

二、加工设备与工具

裁剪、切割、打磨、钻孔、雕刻等加工过程，需要使用合适的工具与设备才能满足模型制作要求，达到设计制作目标。

1. 裁剪、切割工具与设备

(1)勾刀:用于切割塑料板材与划痕。

(2)手术刀:用于切割卡纸、ABS板和细部处理。

(3)美工刀:用于切割卡纸、吹塑纸、装饰纸(见图 2-16)。

(4)剪刀:用于剪裁各种材料(见图 2-17)。

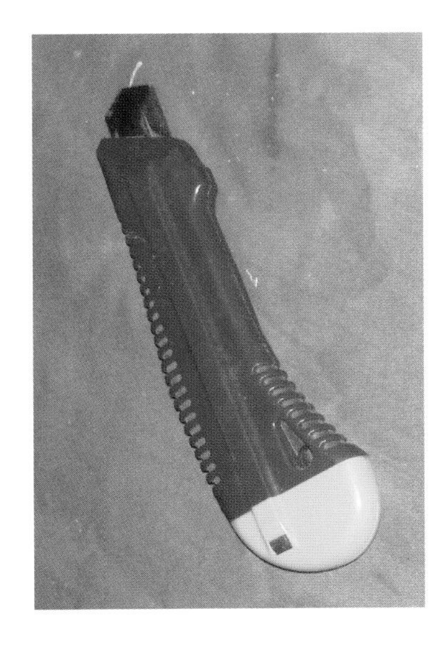

图 2-16 美工刀

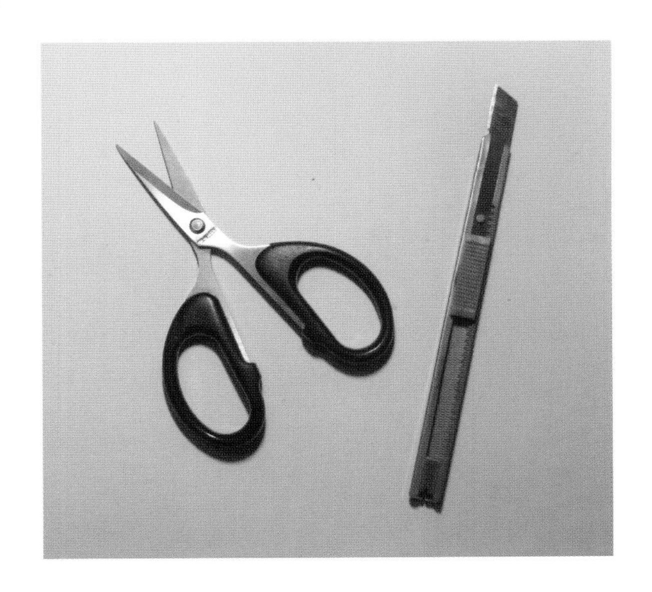

图 2-17 剪切工具

(5)单、双面刀片:用于切割薄型材料。

(6)手锯:用于切割木质材料(见图 2-18)。

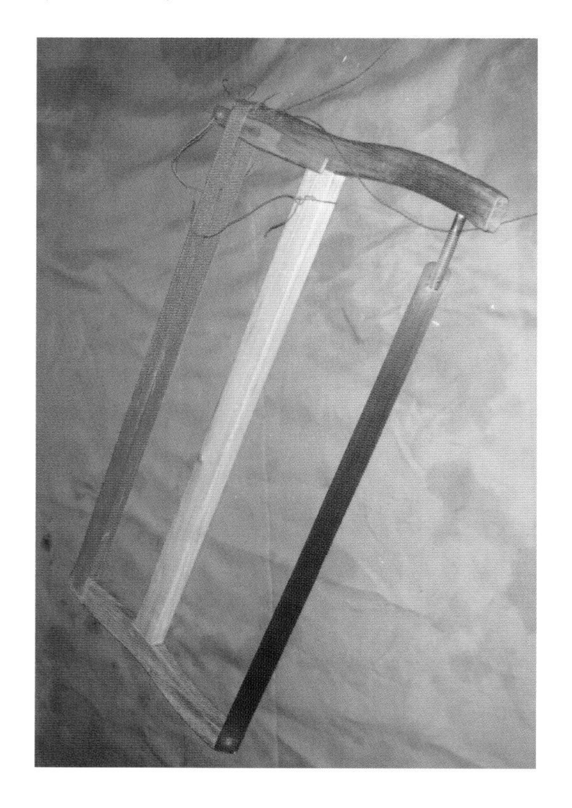

图 2-18　木工锯

(7)钢锯:用于切割金属或其他硬质材料。

(8)电动手锯:材料粗加工过程中的主要切割工具(见图 2-19)。

图 2-19　电动手锯

(9)电动曲线锯:锯条可以在使用中转向,可切割木材、金属、塑料(见图 2-20)。

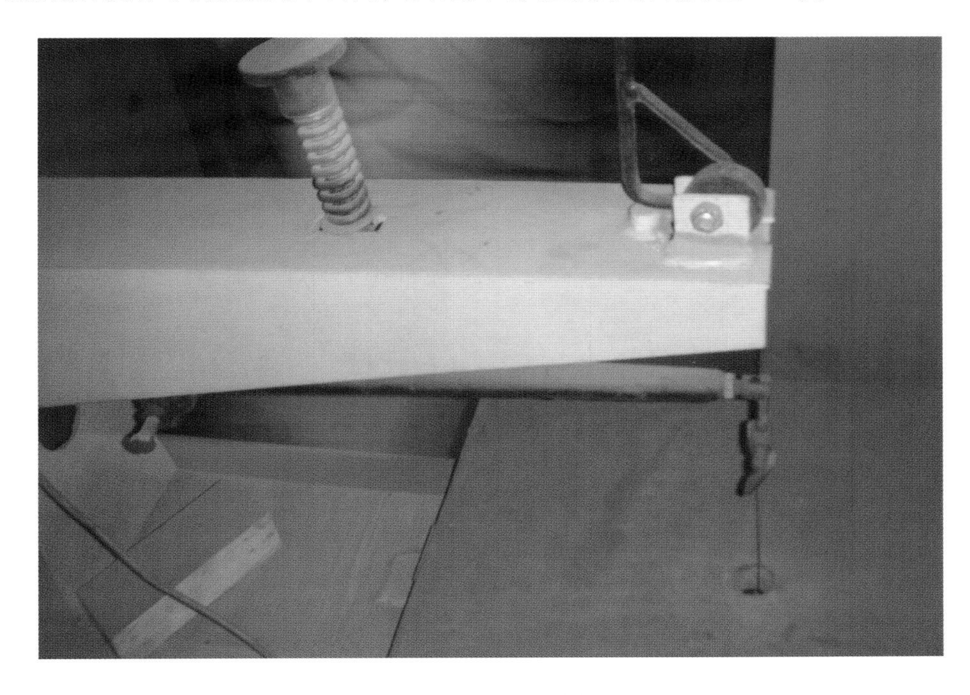

图 2-20 电动曲线锯

(10)雕刻机:可直接将模型立面及部分三维构件一次雕刻成型,是目前模型制作中先进的设备,有机械式和激光烧灼式两种(见图 2-21 和图 2-22)。

图 2-21 机械雕刻机

图 2-22　激光雕刻机

(11)手摇钻:手动钻孔工具。

(12)手电钻:电动钻孔机具,方便灵活,适用于钻 6 mm 以下的孔。

(13)钻床:适用于钻 6 mm 以上大孔、深孔,有台钻、立钻、摇臂钻(见图 2-23 至图 2-25)。

图 2-23　台式钻床

图 2-24 钻床

图 2-25 方孔钻床

2. 打磨、修整工具与设备

(1)电动砂光机:适用于平面的打磨与抛光(见图 2-26 和图 2-27)。

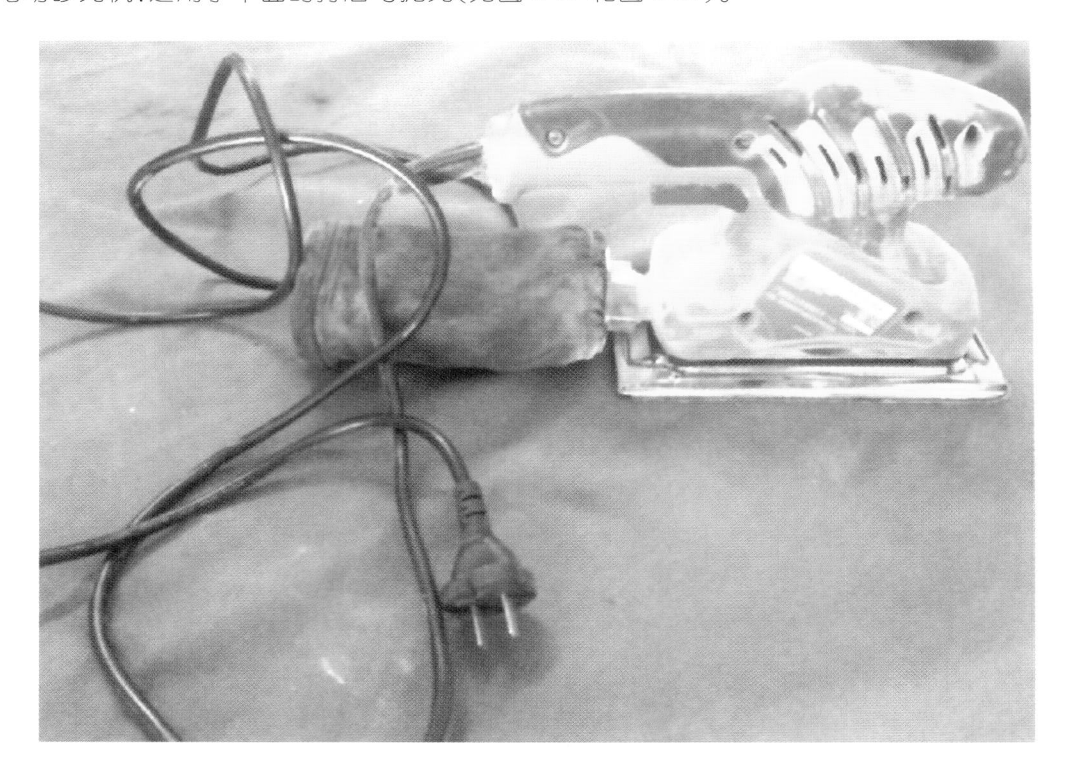

图 2-26　打磨机

图 2-27　砂光机

(2)砂轮机:用于磨削和修整金属或塑料部件的毛坯,有台式、立式两种形式(见图 2-28)。

图 2-28 砂轮机

(3)锉:常见的打磨工具,有板锉、方锉、圆锉、三角锉、什锦锉等多个品种与规格(见图 2-29)。

图 2-29 什锦锉

(4)刨：用于木质和塑料材料的修整，常见的有木工刨、手电刨、平刨机、压刨机等数种(见图 2-30 至图 2-34)。

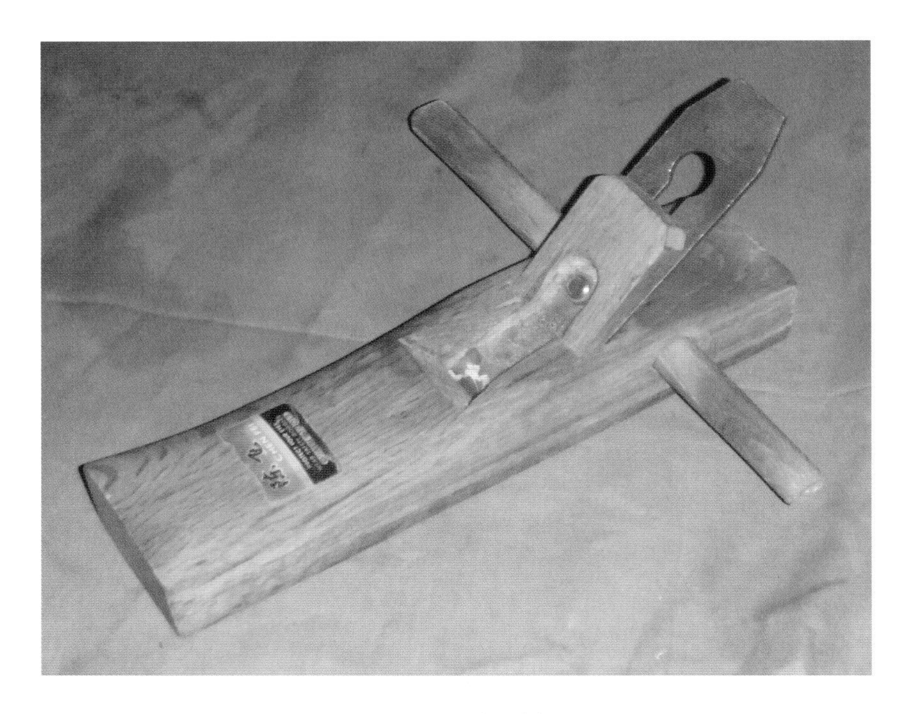

图 2-30　木工刨

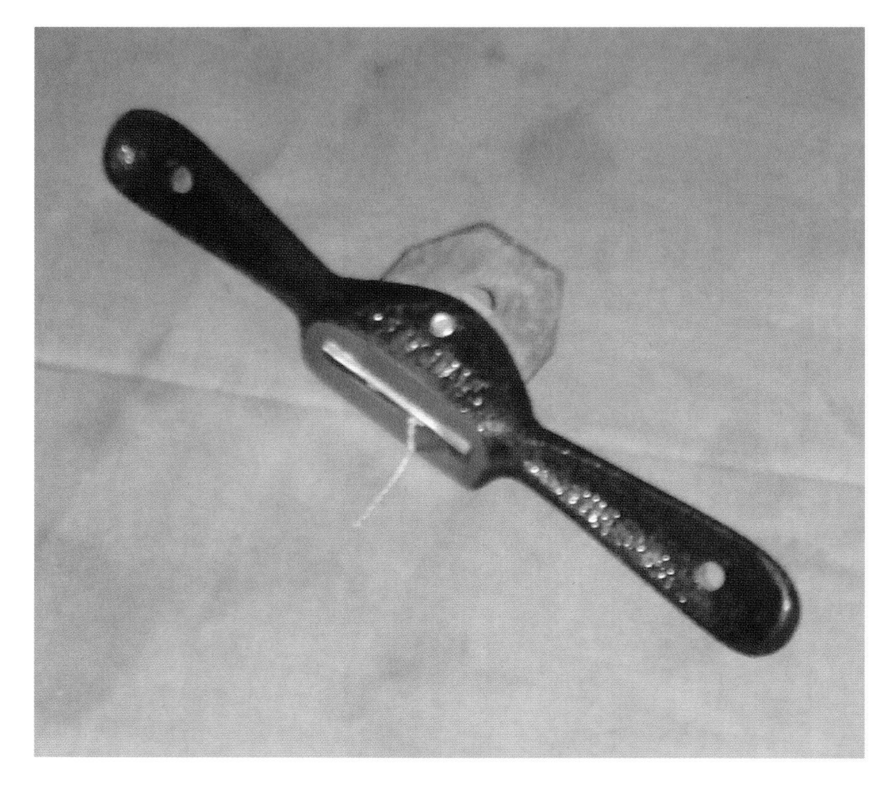

图 2-31　一字刨

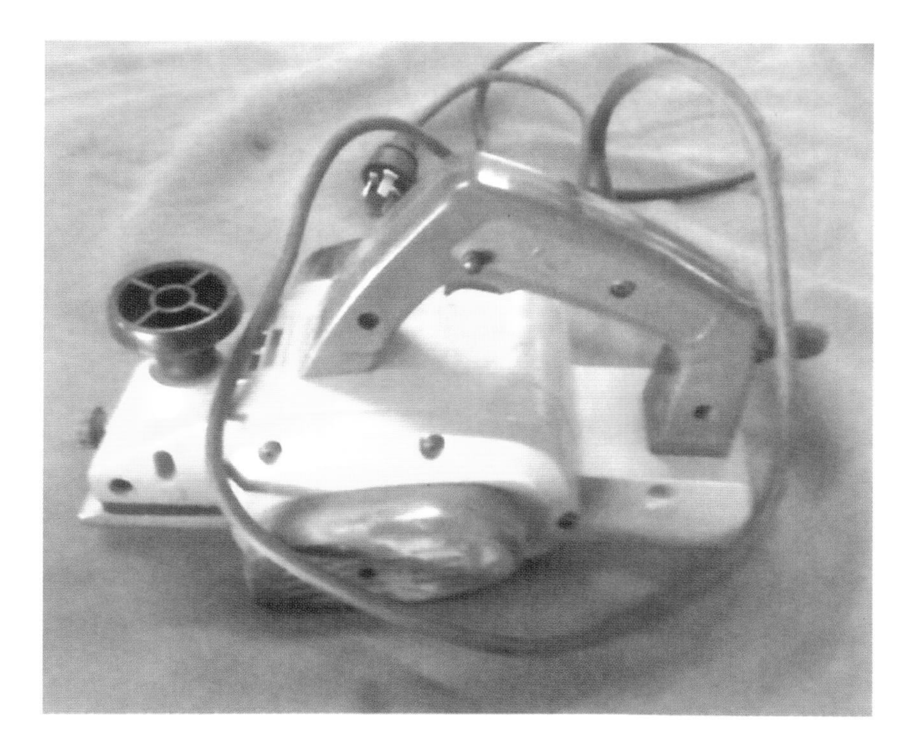

图 2-32 手电刨

图 2-33 平刨机

图 2-34　压刨机

三、辅助工具

所谓辅助工具是指对材料进行主要加工之外工艺操作所使用的一类工具。辅助工具在有些个性化的制作中是必不可少的工具。

1. 钳持工具

钳持工具是指用于夹持工件以便于加工的工具，常见的有手虎钳、台虎钳(见图 2-35)。

图 2-35　台虎钳

2. 喷涂工具

喷涂工具用于涂饰工件或模型，以表现特定质感与效果，常用工具有毛刷、排笔、喷笔、喷枪、气泵、压缩机(见图 2-36)。

图 2-36 空压机

3. 焊接工具

焊接工具用于焊接金属和塑料及热弯曲加工，常见工具有点焊机、电烙铁、电吹风机、电烤箱、酒精灯等。

4. 敲击工具

敲击工具是整形击打、连接击打工件的常用工具。敲击工具主要有木槌、铁锤(圆头、尖头、平角)和橡皮锤(见图 2-37)。

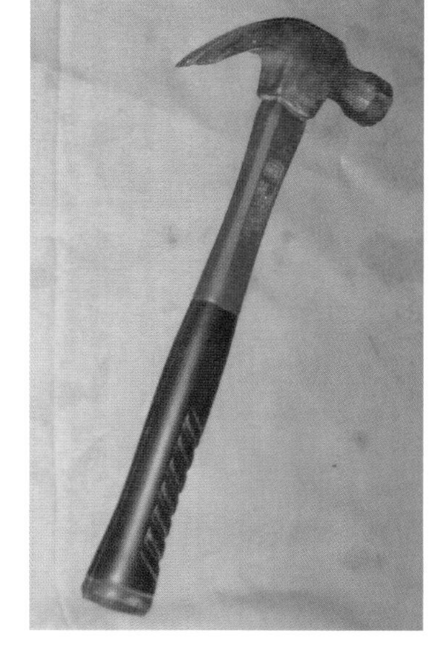

图 2-37 羊角锤

5. 其他工具

(1)镊子：制作细小物件时夹持用(见图 2-38)。

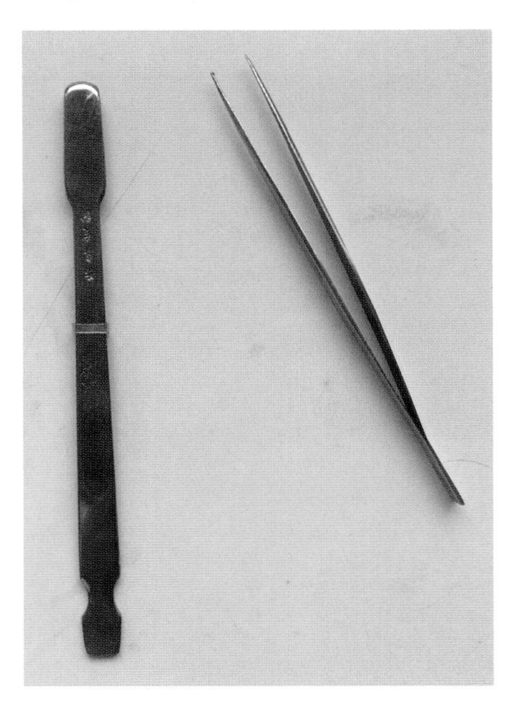

图 2-38　镊子

(2)注射器：黏结 ABS 板类材料时常用氯仿、丙酮等黏结剂，这时借助注射器操作可防止黏结剂挥发，使用更安全方便(见图 2-39)。

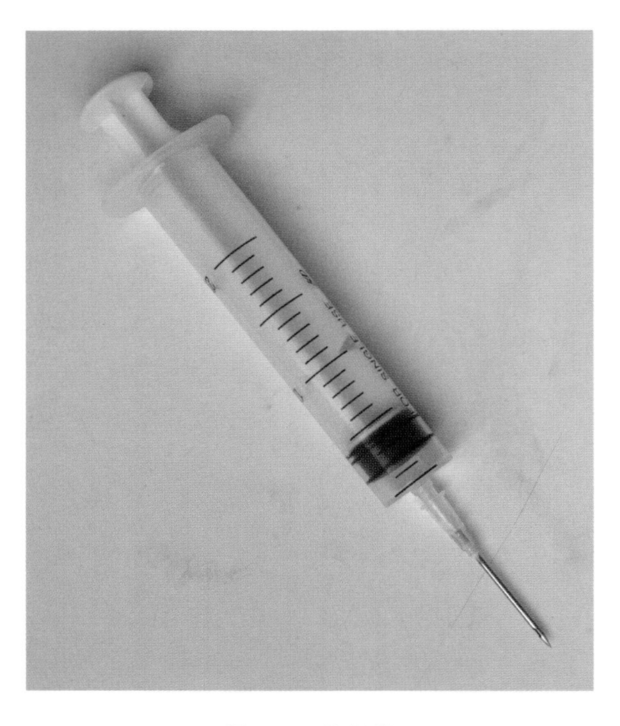

图 2-39　注射器

(3)家用粉碎机:粉碎染色海绵用。

(4)毛刷及皮老虎:清理缝隙碎屑与灰尘用。

(5)试电笔、万用电表:检查电路用。

(6)小型多用机床:包括刨、切、钻、磨、刻、雕等加工用途,电功率小,使用较安全。

各种工具如图 2-40 至图 2-45 所示。

图 2-40 工作台

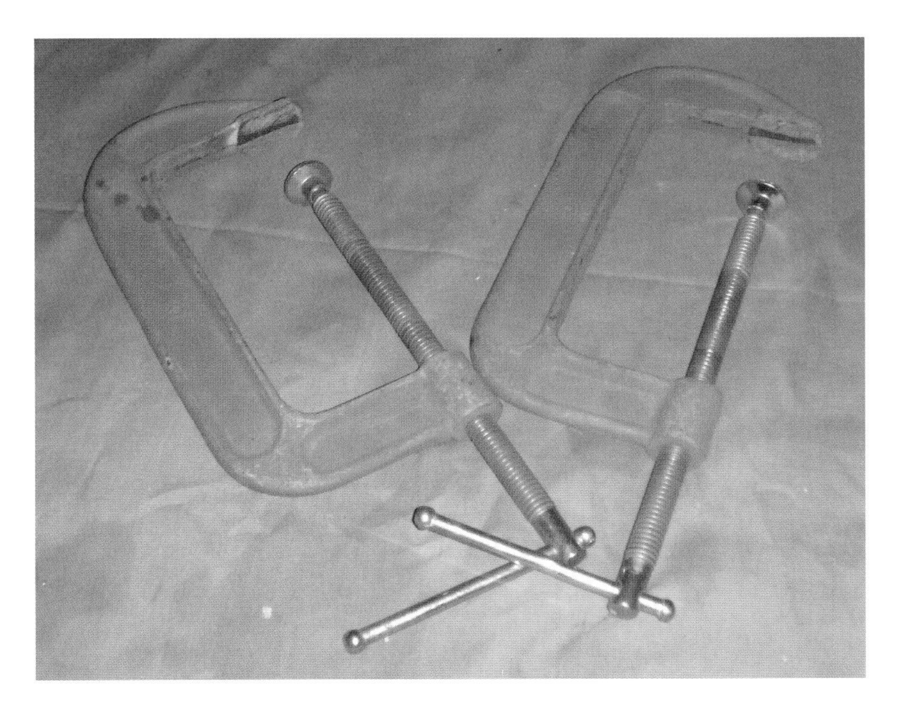

图 2-41 夹具

图 2-42　立式铣床

图 2-43　磨刀机

图 2-44 平式铣床

图 2-45 圆锯

四、主要加工设备与工具的使用注意事项

(1)模型加工设备与工具应设置在专用的工作场所和环境中。该工作场所要考虑加工制作时可能产生的噪声、灰尘、气味、废弃物对人员的影响。大型设备应按加工流程定位安置，留出足够的操作空间。小型手工、电动工具应在工作台上使用，并有专门的工具柜存放。

(2)模型制作环境应有良好的采光与通风条件，同时应具备良好的人工照明装置和完善的给水排水系统，要有足够使用的安全电源插座。

(3)制作工作场所应制定一般工作规则和安全使用工器具的相关规定。工作规则和安全使用工器具规定应在显眼位置悬挂、粘贴。在显眼及方便使用的位置安放灭火器材。

(4)在使用设备和用电过程中，第一要注意用电安全，主要检查电源电压与线路情况，以及控制开关与接地接零。第二要注意设备安全，主要检查设备负荷、工作能力范围，遵循操作程序，注重保养维护。第三要注意人身安全，要建立健全相应规章制度，要检查刀具的安装、高温或高速运转设备状况等方面的问题。

(5)手工工具，如刀、剪、钳、起子、锯、刨、锉等有刃口的工具，要注意使用安全，手、足等部位不要朝向刃口运动方向。在用刀具切割板材时，应力度适中地反复后拉，直至切割到材料厚度的 2/3 左右再折断，或是直到切割断开。

(6)手持电动工具，如手电钻、手电锯、手电刨、电动起子、抛光机等工具，使用前要检查电线与插头是否完好，再检查刀头等工作部分有无缺损，夹持连接是否紧固稳当。使用前先空转片刻，分辨是否存在杂音，再开始加工工作。工作时不要戴手套，使用时要注意电动工具的加工能力，避免超负荷工作。

(7)台式设备，如车床、刨床、钻床、铣床、雕刻机等，要在使用前检查设备(包括电路、机械传动部分和工作部分)状况，加工时要稳固夹持工件，确定合适的切削量，选择适用的工作部分，如钻头、车刀、铣刀等。

设备使用结束后，要及时清理，做好维护保养工作。

第 3 章

模型设计与制作详解

3.1 模型设计

一、模型图纸设计

图纸是模型制作的根本依据，图纸可以从规划与设计部门获取，也可以自行设计，另外还可以通过摄影或实地测量获取。图纸的类型可以是透视图，也可以是施工图，即三视图，最好采用施工图。制作模型时要简繁相宜。

二、模型制作前的总体设计构思

(1)模型制作前的总体设计构思要考虑形体关系，即根据功能要求，确定合适的比例。不同的比例表现出的细部状态差异很大，因此模型制作的设计就是针对图纸进行真实表现和修正的过程。根据比例可以换算出模型的尺度，规划模型尺度一般应控制在 1.8 m 的边长以内。

(2)模型制作前要考虑到相应的材料，只有选择那些能进行景物仿真的材料，才能在色彩、质感、肌理等方面表达景物的真实感和整体感。当然也要注意所选材料应方便加工处理。

(3)模型制作前要设计制作程序和工艺。

制作程序是指组成模型的诸多元素在制作过程中的先后次序。恰当有序的制作过程往往能够事半功倍，否则适得其反，甚至于可能因质量问题造成返工。工艺设计是指对不同模型元素制作加工的方法和工具的选择。不同的方法和工具应当与相应的材料和制作程序相对应，如细小的栏杆、山花用雕刻机处理比较方便和逼真。

三、环艺模型制作设计

环艺模型制作设计是从制作角度来说的设计，即根据环艺模型的构成来设计。环艺模型制作设计主要分为三部分，即建筑主体模型设计、环境模型设计(地形、地貌与绿化)、配景和其他设计。

1. 建筑主体模型设计

建筑主体模型是环艺模型的重点，它既可以作为景观规划模型的主体部分，又可以成为单独的专用模型，所以建筑主体模型设计应该根据不同的要求进行。

首先要根据总体与局部的模型要求确定制作深度，从宏观上控制材料和工艺。

其次是由模型的风格，即反映一定的文化传统、时代风貌、地域特点的形式和造型决定制作模型的材料。比如古建筑用木质材料，现代建筑宜用塑料。

最后是制作时要根据模型实际需求，确定效果表现，所以有的部分可以做得很精细，有的部分可以做得简单一些，形成对比，突出模型特点。建筑主体模型常分为外观模型和内视模型两类，根据需要还有建筑构造模型。

2. 环境模型设计

环境模型主要是用于展现地形地貌，涉及形体的制作、绿化植物与草皮的制作。地形地貌要根据图纸要求按比例来做，但在地形坡度上有时要从方便制作和观感出发，适当改变比例。

在模型中要注意绿化与建筑的比例关系。一般来说，在 1∶500～1∶2000 的小比例模型中的绿化重在整体感觉，对植物的制作可以粗糙一些；在 1∶300 及以上的大比例模型中，植物的制作要注重景观环境特点，要考虑绿化布局和树种的个体造型。一般在房屋建筑周围的植物高度控制在三层楼以下为宜。

3. 配景和其他设计

配景主要指水面、汽车、围栏、路灯等模型。对于配景一是要注意它的形，包括尺度大小、外观质感；二是要注意它的量，太少过于单薄，太多过于拥挤。同时要将配景配置在环境的适当位置。最后要考虑的是有声、光、电、气雾配置的需求时，也要事先设计好。这些辅助模型和主体模型、环境模型的制作要选择适宜的材料、设备、器件，以及线路和动作控制。

3.2 模型制作

一、制作准备

在完成图纸和制作设计后，就进入模型制作阶段，制作过程分前期工作、制作实施和后期处理。前期工作主要做一些制作准备，主要工作如下：

(1)材料准备；

(2)工具、设备准备；

(3)工作场地与设施准备；

(4)技能准备，即对工具、设备(特别是新工具、设备)的认识与使用，对材料的基本性能与加工性能的认识，对基本制作加工方法的认识与准备。

二、模型制作内容与步骤

1. 底盘制作

(1)按设计尺寸裁割底板，并按设计比例制作底板骨架用以支撑底板。

(2)按设计尺寸在底板上放样。

(3)按投影标高制作地形、地貌,根据模型的需要和比例可分为具象与抽象两种不同的风格类型。底盘制作可采用堆积法、拼削法、翻模法等多种方法与模型相适应。

(4)完成道路、广场地面铺装和建筑物安装及绿地植物栽植。

(5)水体制作。

(6)固定边框、封边。

2. 单体制作

1)建筑物

按设计图纸比例尺寸用选定的材料下料,然后进行细部加工,零部件粘贴、拼装,外饰。

2)建筑小品与配景

在景观规划中主要涉及的有水面、车辆、电杆、路灯、路牌、围栏、室外家具、山石、桥梁等,有些配件在专业商店可以购得,有些需要自行制作。如路灯可用发光二极管,围栏可用空压直排气钉;桥梁则要按图选材制作。

3)植物

绿化植物主要有草皮、绿篱、树木等。可购买使用现成的草皮或植绒纸,也可用草粉喷洒制作草皮。绿篱、树木可在专卖店购买,但为更好地表现并合乎比例要求亦可自制。枝干一般用多股铜线按表现要求制作,然后用打碎上色泡沫屑充当枝叶。

3. 制作中容易出现的问题

1)图纸问题

在制作模型过程中图纸容易出现的第一个问题是图纸的比例问题,第二个问题是工程图与模型图的联系与区别问题。做模型以工程图为依据时,不能完全依照图纸内容制作,可能因为比例存在问题而不好制作,也可能因为模型用途的需要某些部分要简化等。所以应把工程图做处理后才能更好地表现模型的工作状态。

2)加工问题

第一是下料尺寸的问题,主要体现在尺寸精度和角度偏差方面。

第二是加工余量问题,因为各种材料厚度不同,加工余量也应该不同,否则会造成尺寸不准确。

第三是黏结关系不清问题,出现这类问题,主要原因是对组成部件的空间关系缺乏清晰的认识,在黏结前要研究图纸,校对三视图。

3)组装问题

模型组装时最容易产生的问题是黏结不牢,其多半是因为对材料性能了解不充分,采用的黏结剂不合适;或者是材料存在不同的黏结面,影响到黏结效果。

组装时还常常因为操作程序错误造成质量问题而返工以致影响质量、工期。不同的模型在组装前要根据模型特点、组装件的要求事先设计好组装程序,保证组装效果。

4)安全问题

模型制作组装时可能因为对材料性能(材料的可燃性、毒性、挥发性等)不熟悉而产生安全问题,如引起火灾、上呼吸道感染等问题。也可能因为对工具性能不熟悉或操作失当而造成对产品的破坏及人身伤害、设备事故等。要特别注意操作要领与程序,细心操作,避免粗心大意造成的损失。

三、制作后期工作

在模型制作组装完成后，一般还有如下的一些后期工作，主要是特殊效果处理、模型展示与模型管理。

1. 特殊效果处理

1)灯光效果

为了模拟各种色彩、环境特殊效果，增强模型效果，常常需要配置灯光。

灯光源目前经常采用发光二极管、低压灯泡、光导纤维等。

电路一般采用手动控制电路或半自动控制电路，电路常由导线、开关、光敏电阻等元器件构成。

2)音响效果

模型通过音响效果可以改变静态展示的状态，使模型的展示功能性更完美，一般有语言讲解系统和配音、配乐系统。

目前的音响效果经常是通过芯片存储技术和录放音系统形成背景音乐和解说，并能按要求遥控播放或自动播放。

3)视频效果

根据要求事先编辑制作图片视频素材，通过多媒体设备在需要的地方播放。视频经常需要和音响语音系统协同输出。

4)气雾效果

为增加模型的特殊环境气氛，有时要有气雾效果。模型的气雾效果多采用负离子发生器产生负离子气雾模拟，也有少数采用干冰或其他方法模拟气雾效果。

2. 模型展示

(1)模型的展示要考虑模型的尺度和展台、展示场所的比例关系(若模型大、场地小则显拥挤，若模型小、场地大则显单薄)，还要考虑模型与展台、展示场地的色彩协调。

(2)作为展示成果和资料留存，模型摄影是一种重要手段。

模型摄影一般使用单反照相机拍摄，为保证摄影效果，首先要以拍摄中心来进行构图，具体要考虑拍摄距离与角度，室内、室外不同的光源，还要考虑拍摄背景。

拍摄完后的照片还要进行后期处理，即通过 Photoshop 等计算机辅助设计软件修补构图缺陷或改变背景，以期得到理想的模型照片。

3. 模型管理

模型的管理主要指的是对模型的包装、运输和保存、养护几个方面。

为保证运输先应满足包装的基本要求(即安全可靠、坚固、防损、防震、防潮、防尘等)，还包括运输外形尺寸、装箱要求与包装程序等内容，应执行相关国家行业标准。

模型若要长期保存，应有防尘罩，还要注意防潮、防晒、防高温，存放点应宽敞通风。无罩的模型需要清洁，对声、光、电等要考虑绝缘、发热、消防等方面的因素。

第 4 章

模型设计与制作实训

1:100

4.1 现代建筑单体模型——欧式小别墅

一、设计课题

欧式小别墅。

二、设计要求

(1)自行设计图纸。

(2)设计成果:平、立、剖面图及透视图。

(3)设计参数:两层欧式小别墅、同坡屋面,占地面积 120～140 m^2,建筑面积 240～300 m^2。

(4)基本要求:满足使用功能(有客厅、餐厅、卧房、书房、车库、厨房、卫生间、阳台、储藏间等),符合建筑模数。

三、制作要求

(1)自定模型大小、尺度及比例。

(2)每人独立完成。

(3)材料:厚卡纸、吹塑纸、ABS 板、胶合板均可。

(4)外观、材质、色调符合设计图纸,制作精细,结构牢固,造型完美,尺度合适,比例准确。

四、设计指导

1. 设计理念

①功能适用;②造型美观;③造价经济。

建筑外观取决于平面设计。

2. 设计参数

所有建筑设计应符合国家设计标准,遵从人体工程学的基本原理来设计建筑、思考问题。

(1)层高 2.8～3.3 m，一般多在 3 m。

(2)坡面夹角 26°左右，即直角三角形两直角边之比为 1∶2。

(3)户门一般宽 1～1.5 m，户内门宽 0.8～0.9 m，门最小宽度不小于 0.6 m；户门一般高 2.1～2.4 m，其余门高 2～2.1 m。

(4)窗一般宽 1.2～1.8 m，最小宽度不小于 0.6 m；窗一般高 1.5～1.8 m，最小高度不小于 0.4 m。

(5)空间面积：客厅一般 15～40 m^2，餐厅 10～20 m^2，卧房 10～20 m^2，厨房大于 4 m^2，卫生间大于 3 m^2。

(6)楼梯一般宽 1～1.5 m，平行双跑楼梯平台宽不小于楼梯宽。如图 4-1 所示，踏步设计应满足 $2h+b=600$。

(7)基本模数 100，扩大模数 300(单位毫米)。

3. 设计步骤

(1)根据功能要求，确定房间名称、数量、楼层平面位置及相互间关系。

(2)确定各房间或功能空间尺寸。

(3)考虑功能与建筑结构间的关系，如力学性能、承重体系。

(4)画草图：画轴网、墙体、门窗、楼梯，用相应平、立、剖面图表示。

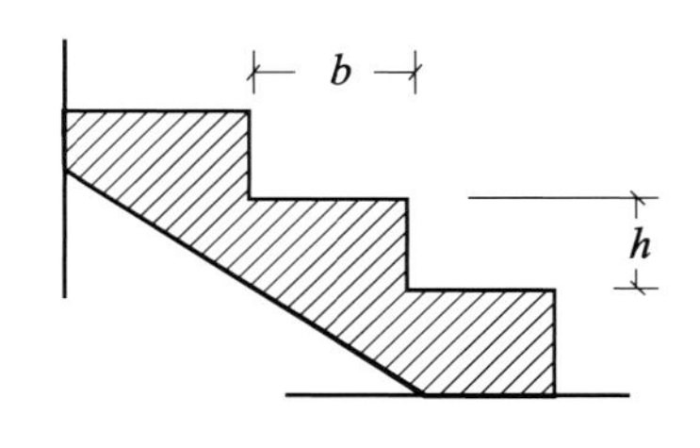

图 4-1　楼梯尺寸

五、制作指导

(1)准备好相应的材料、工具。

(2)确定模型尺寸和实际图纸尺寸间的比例关系，即确定尺度和比例。注意比例应方便折算。

(3)排版下料。注意将相同尺寸的构件尽可能一次排版下料，以避免出现尺寸误差。

(4)构件平面加工。建筑外立面的构件可能涉及开孔、刻槽以及方便连接部分的加工。

(5)构件装配，即将细小的零件装配成一个大的组件，如阳台栏杆。

(6)组件装配。

(7)涂饰。

(8)同坡屋面下料计算。

例 1：求屋面 3 的下料尺寸。

①已知 ab 线段为屋面 1 和屋面 3 的交线(共线)，屋面 3 为梯形(见图 4-2)。

②根据投影原理，已知线段 bf 即屋檐的图示尺寸为实长 6 m。线段 ad 和 df 即斜脊图示尺寸不是实长，梯形的高也不是实际高。

③求梯形的高后，很容易求出斜脊，即可求得屋面 3 的下料尺寸。

④根据投影原理，梯形高即是直角三角形斜边长，直角三角形的两直角边比值为 1∶2，其斜边长为$\sqrt{5}$。已知实际长度为 1 m 和 2 m，其斜边长即为$\sqrt{5}$ m(见图 4-3)。

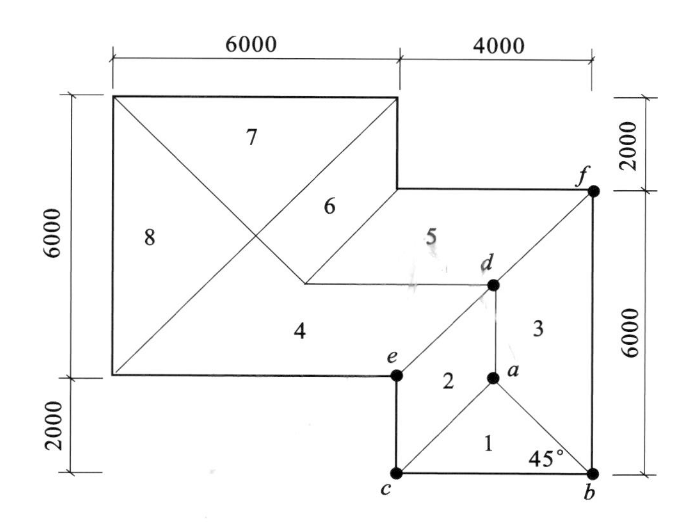

图 4-2 屋面平面图

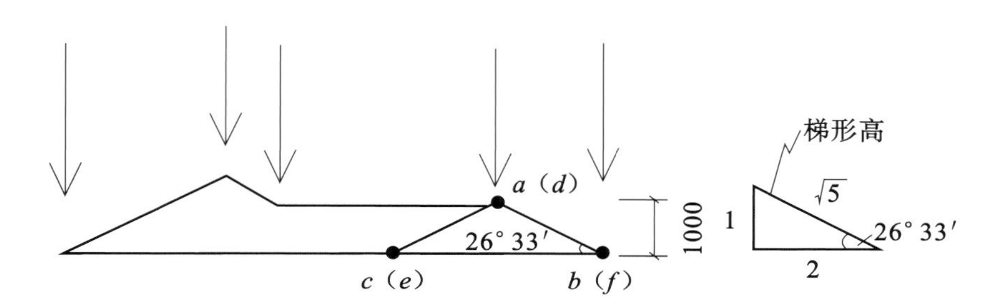

图 4-3 屋面三角形高度计算图 1

⑤已知梯形底边 bf 长 6 m，上边 ad 长 2 m，高$\sqrt{5}$ m，可作出梯形尺寸图，即屋面 3 的下料尺寸图(见图 4-4)。

例 2：求屋面 1 的下料尺寸。

①屋面 1 为等腰三角形，已知底边长为 4 m。

②屋面 3 的斜脊 ab 也是屋面 1 的斜脊 ab(共边)，屋面 3 斜脊长已知。以三角形底边两端 c、b 分别为圆心，以屋面 3 斜脊长(df)为半径，相交点即为三角形顶点 a。屋面 1 图示尺寸即下料尺寸如图 4-5 所示。

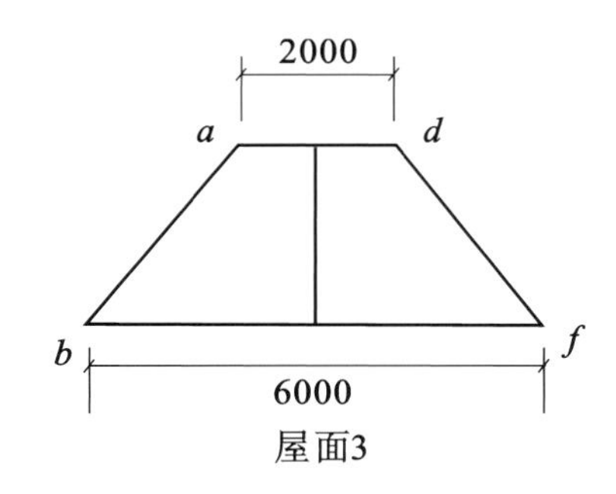

图 4-4 屋面梯形高度计算图

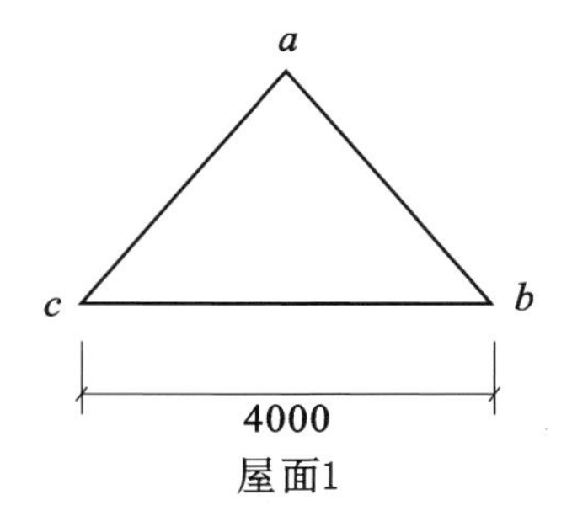

图 4-5 屋面三角形高度计算图 2

其他屋面下料尺寸按以上方法逐一计算。

4.2 园林建筑单体模型——中国亭

一、设计课题

中国亭(见表 4-1、图 4-6 至图 4-8)。

表 4-1　亭的类型及其示意图

名称	平面基本形式示意图	立面基本形式示意图	组合示意图
三角亭	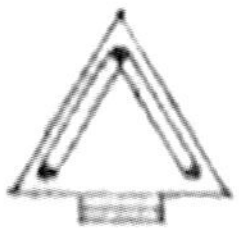	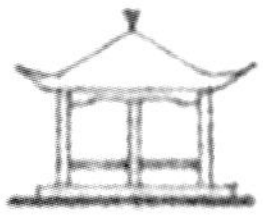	
方亭	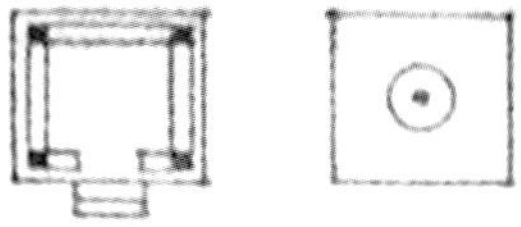	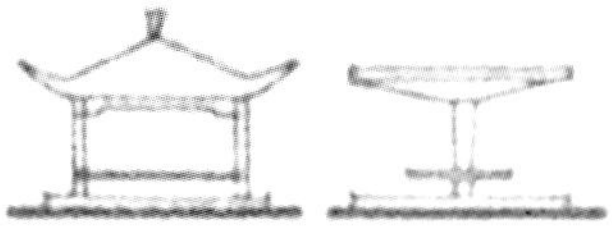	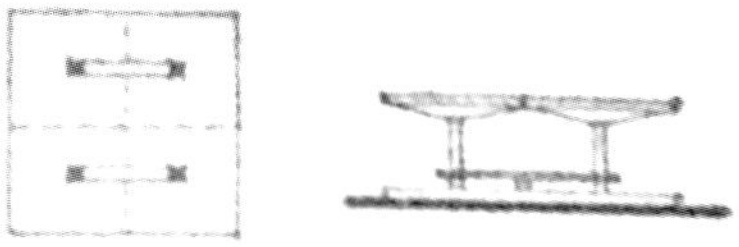
长方亭	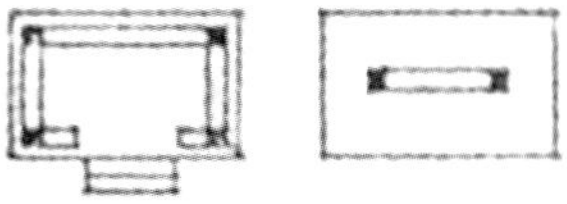	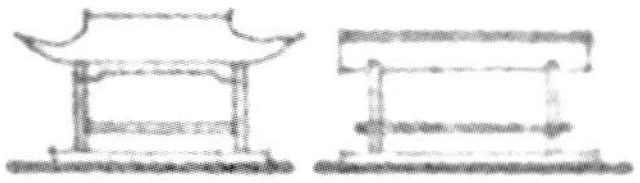	
六角亭	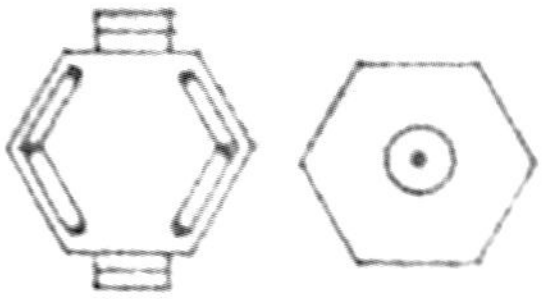		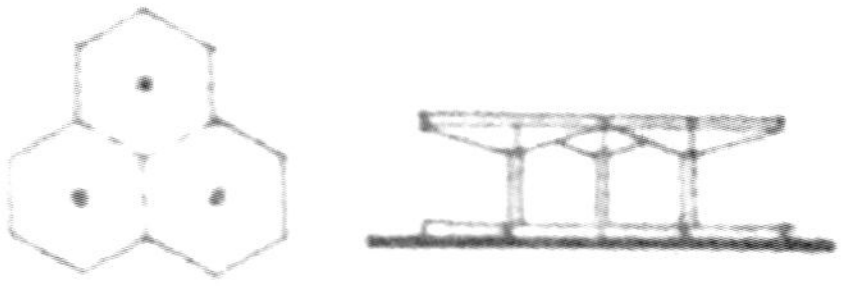
八角亭	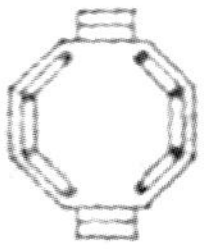		
圆亭	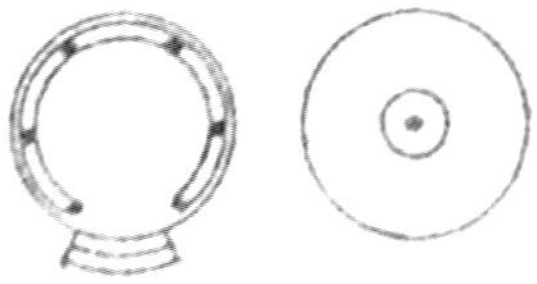		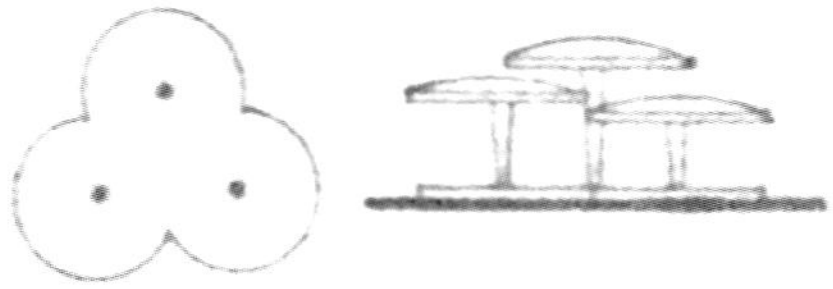

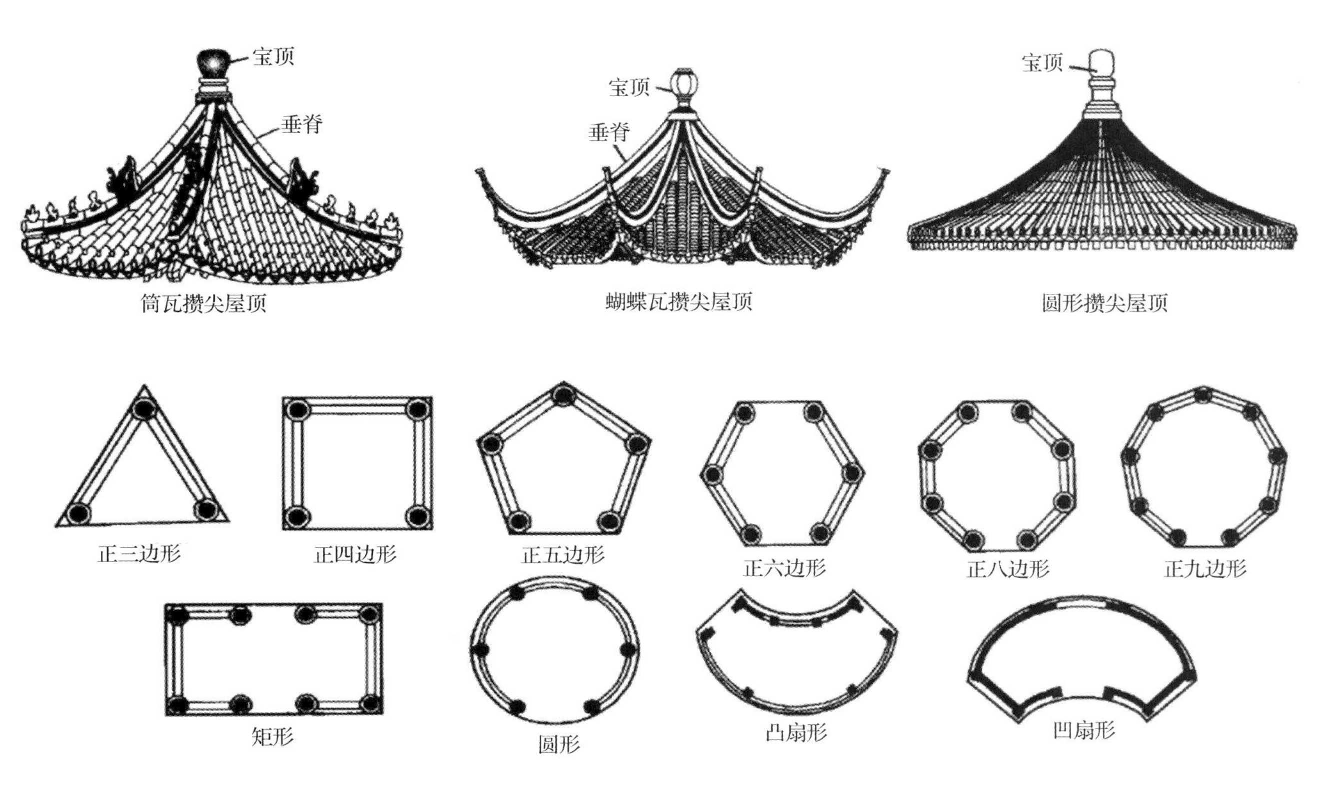

图 4-6　中国亭 1

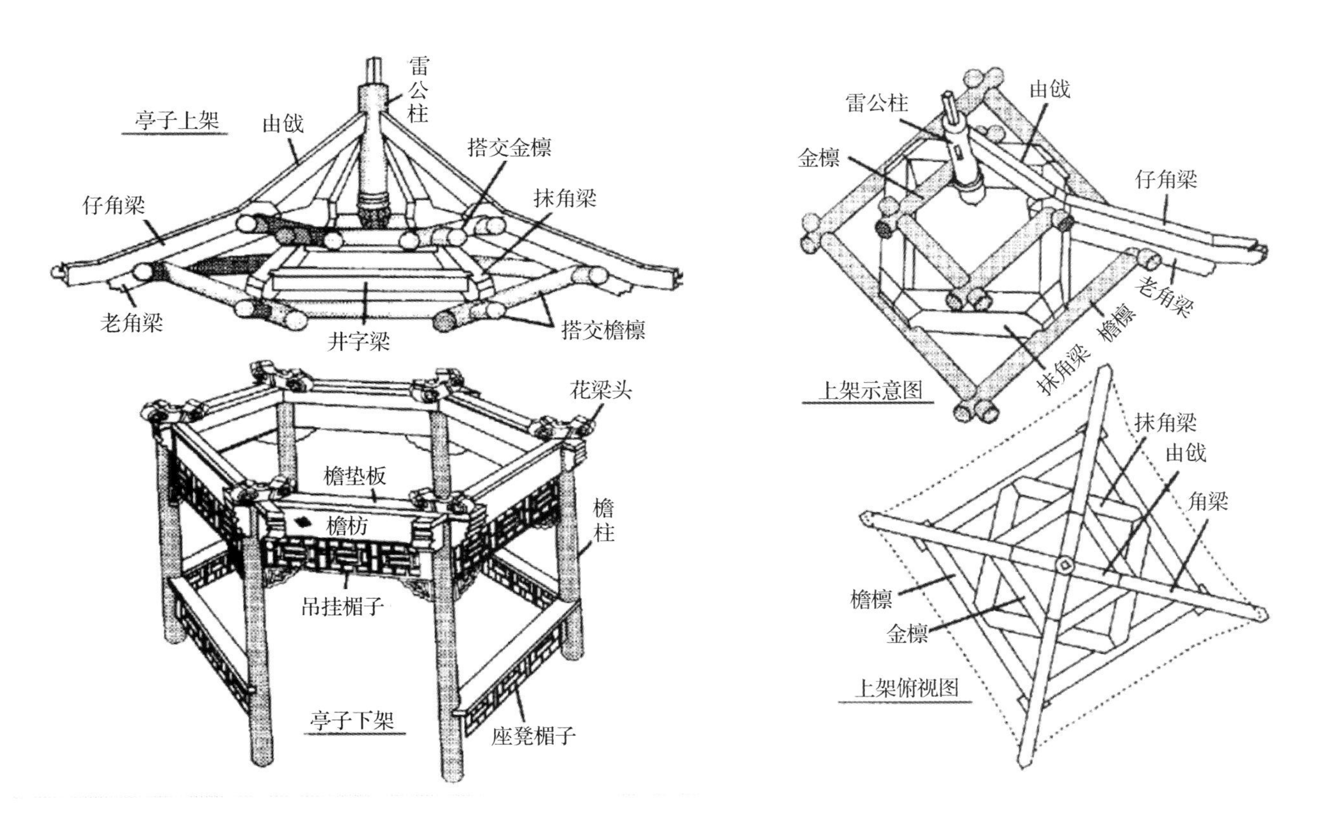

图 4-7　中国亭 2

图 4-8　中国亭 3

二、设计要求

(1)自行设计图纸。

(2)设计成果为平、立、剖面图及透视图。

(3)设计参数:小型亭底面积 2 m×2 m 至 4 m×4 m;中型亭底面积 4 m×4 m 至 6 m×6 m;大型亭底面积 6 m×6 m 至 9 m×9 m。

(4)基本要求:满足景观与使用功能,符合建筑模数。

三、制作要求

(1)自定模型大小、尺度及比例。

(2)每人独立完成。

(3)材料:厚卡纸、吹塑纸、ABS 板、胶合板均可。

(4)外观、材质、色调符合设计图纸,制作精细,结构牢固,造型完美,尺度合适,比例准确。

四、设计指导

1. 亭的功能与概念设计

(1)功能:休息(亭者,停也)、纳凉、避雨、远眺、造景。

(2)造型与概念设计:注意中国亭与外国亭的联系与区别,现代亭与古代亭的联系与区别。一定的事物反映一定的条件(地域、文化、历史、材料、技术、民族)。

(3)基本构造如下。

主要组成部分:亭顶、柱身、台基。

常见平面形式:圆形、扇形、八边形、三角形、正方形、六边形(见图 4-9)。以前三类为主。

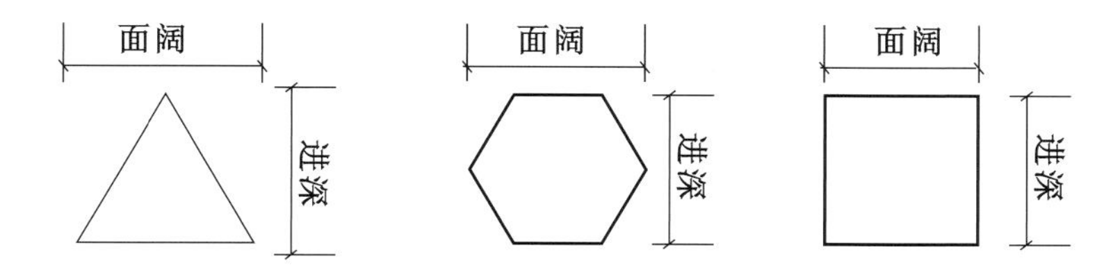

图 4-9 三角亭、六角亭、正方形亭平面形式

常见屋顶形式:有单重、多重、攒尖几种。

常见柱身截面形状:方形、圆形。

(4)亭的文化与艺术传承。

亭的体量虽小,但通过亭面和屋顶组合,其造型变化很多。中国亭的亭面与翘角因为地理原因区别也较大,北方的亭面与翘角平缓显得厚重,南方的亭面与翘角耸陡显得轻快。

亭根据环境条件不同可分为山亭、水亭、平地亭、桥亭等。名亭有杭州风波亭,滁州醉翁亭,长沙爱晚亭,北京知春亭,汨罗独醒亭,西安沉香亭、兵谏亭,九江浸月亭,无锡二泉亭,北京陶然亭等。

2. 中国亭的结构构造

(1)构造:外观构造如图 4-8 所示。

(2)参考尺寸:一般檐柱高 60 斗口,柱径 6 斗口,一个斗口约 2.5 寸、80 mm,柱高为面阔的 0.8~0.9。

一般四方亭下檐柱高 0.8~1.1 面阔;六方亭高 1.5~2 面阔;八方亭高 1.5~2.5 面阔。上柱檐檩圆形直径为 3.5~4.5 斗口。

井字梁(抹角梁):长梁高 6~6.5 斗口或 1.3~1.5 倍柱径,厚 4.8~5.2 斗口或 1.05~1.2 倍柱径;短梁高 4.8~5.2 斗口或 1.05~1.2 倍柱径,厚 3.8~4.2 斗口或 0.9~1 柱径。

金檩高为 2~4 斗口或 0.4~1 柱径;厚为 1.25~3 斗口或 0.3~0.8 柱径。

太平梁:直径 5~7 斗口或檐柱柱径。

出檐长度:21 斗口或 0.3 檐柱高。

五、制作指导

(1)准备好相应的材料、工具、场地、设施。

(2)熟悉图纸,确定模型尺寸和实物尺寸间关系,选好比例,确定粗作和细作部件。

(3)排版下料,注意将同一尺寸物件一次排版下料,既能保证精度,又能提高速度。

(4)构件加工。

(5)组件装配，一般按三部分，即底座、亭身、屋顶，分别装配完成，要注意三部分最后组合的连接和稳定问题。

(6)涂饰。

4.3 室内内视模型——住宅

一、设计课题

商业住宅楼平面及楼梯构造。

二、设计要求

(1)自行设计图纸。

(2)设计成果：平、立、剖面图及透视图。

(3)设计参数：100～130 m^2 住宅(三室两厅两卫双阳台)，楼梯双跑式、轴线间距 2.6 m，层高 2.8 m。

(4)基本要求：满足使用功能，符合建筑模数。

三、制作要求

(1)自行确定模型尺度及比例。

(2)每人独立完成一件住宅平面内视模型和楼梯构造模型。

(3)材料：厚卡纸、吹塑纸、ABS 板、胶合板均可。

(4)外观、材质、色调符合设计图纸。

四、设计指导

1. 设计理念

根据居家的一般功能要求，确定房间的基本面积和相互位置关系，即平面组合设计。要注意水电相对集中便于施工的原则和明厨明厕采光通风有利环境的原则，要尽可能减少无效面积和交通面积，在做好平面组合的前提下做好空间组合设计。

2. 设计参数

参见本章 4.1 节相关参数。

3. 设计步骤

(1)确定房间名称、数量、面积大小、相互之间位置关系;

(2)考虑功能与建筑结构关系,如力学性能、承重体系;

(3)在进行房间平面组合设计时要考虑空间关系,要考虑室内主要用具(如家具)的安排和室内装饰效果;

(4)画草图、轴网、墙体、门窗、楼梯,用相应平、立、剖面图表示。

五、制作指导

(1)准备好相应的材料、工具、场地、设施。

(2)熟悉图纸,确定模型尺寸和实物尺寸间关系,选定比例,确定部件制作顺序。

(3)排版下料,注意将同一尺寸构件一次排版下料,这样既能保证精度,也能提高制作速度。

(4)内视模型制作程序(见图 4-10 至图 4-21):①做房间底板,并按图纸将平面尺寸画在底板上;②将墙体按空间位置固定;③安装室内家具和装饰;④安装铭牌说明。

(5)楼梯构造模型制作程序:①做底板;②做楼梯间墙体;③做梯级;④做平台;⑤做栏杆;⑥在底板上装配墙体、平台、梯级,然后安装栏杆。

(6)涂饰。

图 4-10　查阅资料

图 4-11　绘制图样

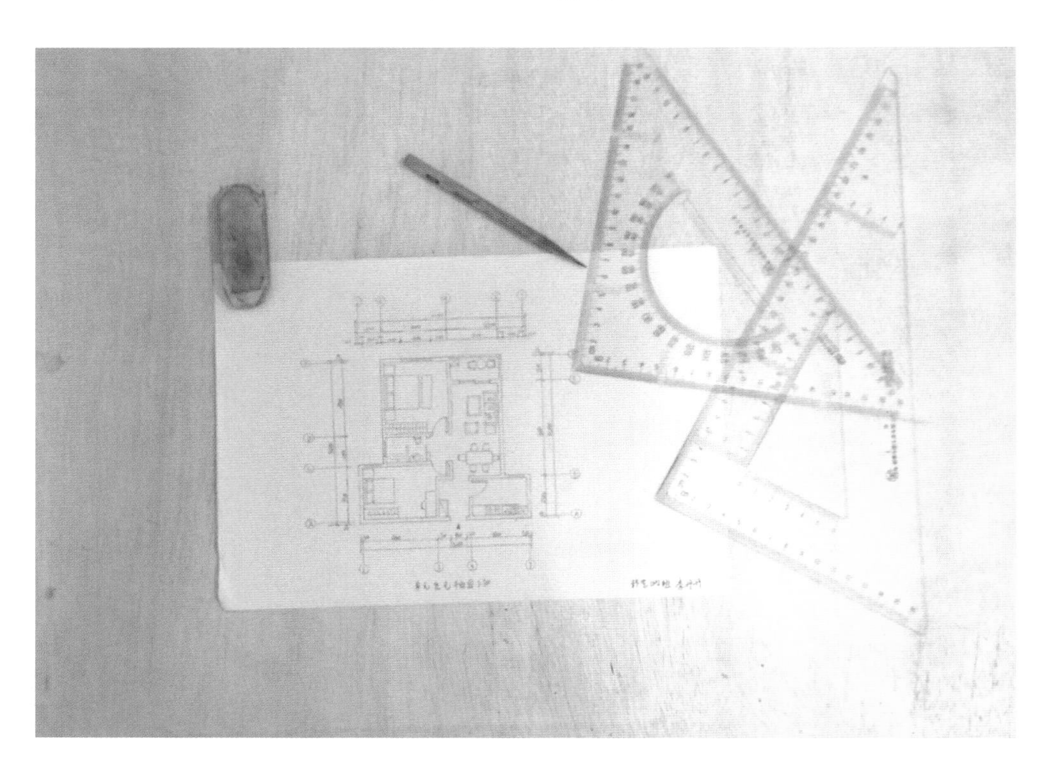

图 4-12　图样绘制完成

图 4-13 裁剪下料

图 4-14 拼装墙体

图 4-15　墙体拼装完成

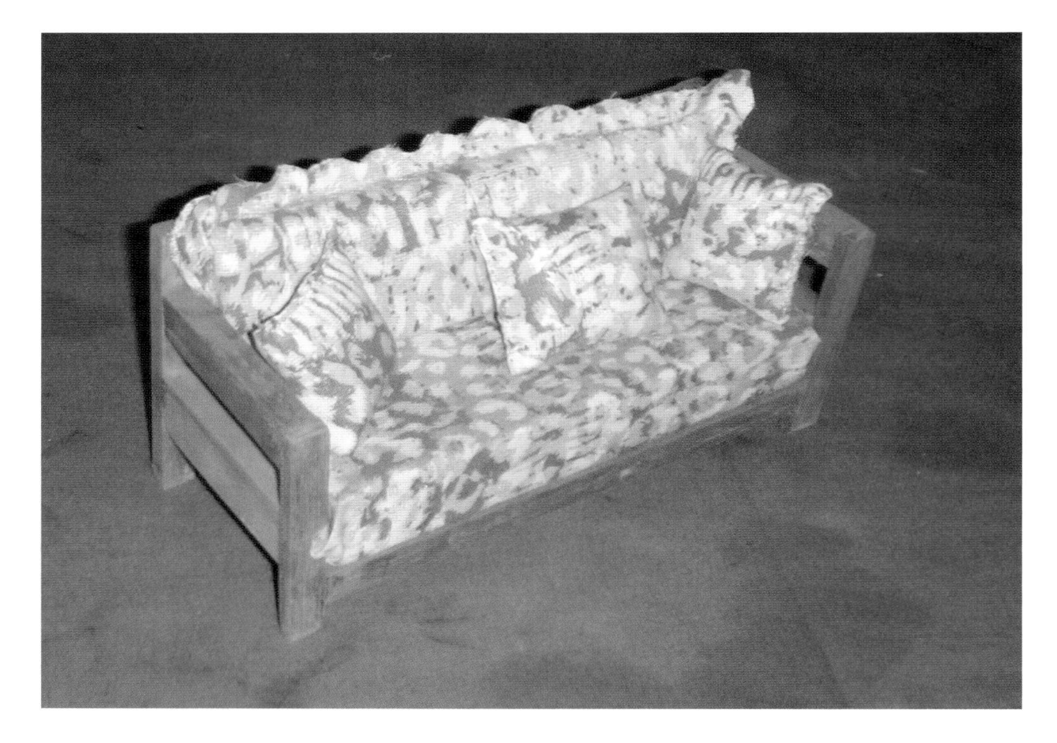

图 4-16　制作家具 1

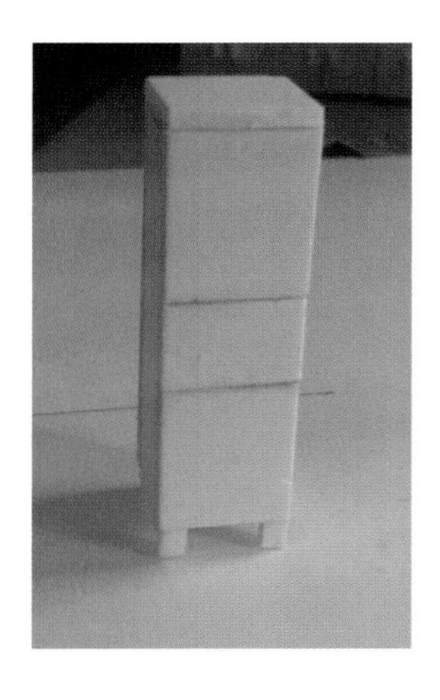

图 4-17 制作家具 2

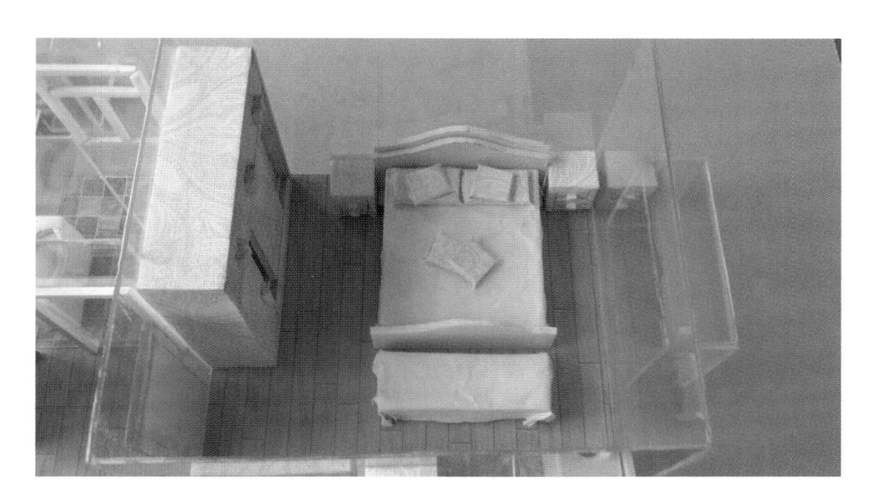

图 4-18 安装家具 1

图 4-19 安装家具 2

图 4-20　室内布置

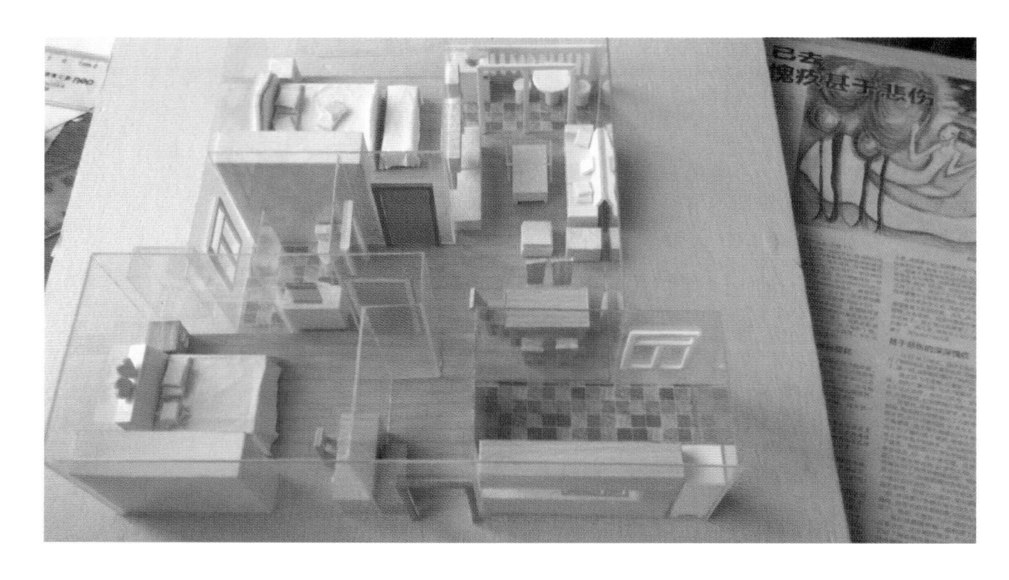

图 4-21　成品

4.4
景观模型——校园规划模型

一、设计课题

校园规划模型。

二、设计要求

(1)设计图纸:在教师提供的图纸基础上,学生重新规划总图和局部大样图。

(2)设计成果:平、立、剖面图及透视图。

(3)设计参数:根据原图纸重新规划设计制作,占地面积应不小于 10 000 m^2。

(4)基本要求:满足规划要求。

三、制作要求

(1)自行确定模型大小、尺度及比例。

(2)分组完成,一般 3～4 人一组。

(3)材料:底座材料以木框或复合胶合板为主,其余部分材料根据模型需要准备。

(4)比例准确,尺度合适,结构牢固,制作精细,造型完美,内容完整。

四、设计指导

1. 设计理念

根据不同学校对校园景观的要求确定设计方案。当指定图纸反映的校园较大时,应选取最能反映校园景观文化的部分重新设计规划。当指定图纸反映的校园面积和设计参数相近时,也要精心安排调整,将最具特点的部分较好地反映出来。

2. 设计步骤

(1)熟悉指定图纸;

(2)确定校园文化与景观特点;

(3)选定适当的规划范围;

(4)确定路网体系和主要建筑物、构筑物的体量与位置;

(5)认识地形地貌特点及其与路网、建筑物的关系;

(6)植被的设计。

五、制作指导

景观模型制作如图 4-22 至图 4-38 所示。

(1)准备好相应的材料、工具、场地、设施。

（2）熟悉图纸，确定模型尺寸和实物尺寸间关系，选定比例，确定部件制作顺序。

（3）制作底盘：① 根据设计大小，切割材料做底板、边框；② 在底板上放样（可采用方格网法或仪器投影法。采用方格网法时方格尺寸根据制作精度和模型大小确定，可在 2 m×2 m 到 40 m×40 m 范围内调整）；③ 在底板上制作地形、地貌；④ 完成道路、广场、地面铺装及绿地制作；⑤ 制作水体；⑥ 将单体组装到底板上（单体主要指建筑物和小品）；⑦ 封边框，贴图签、图标或文字说明。

（4）制作单体：① 建筑物和构筑物；② 建筑小品与配景；③ 植物。

（5）效果处理。

图 4-22　绘制图纸 1

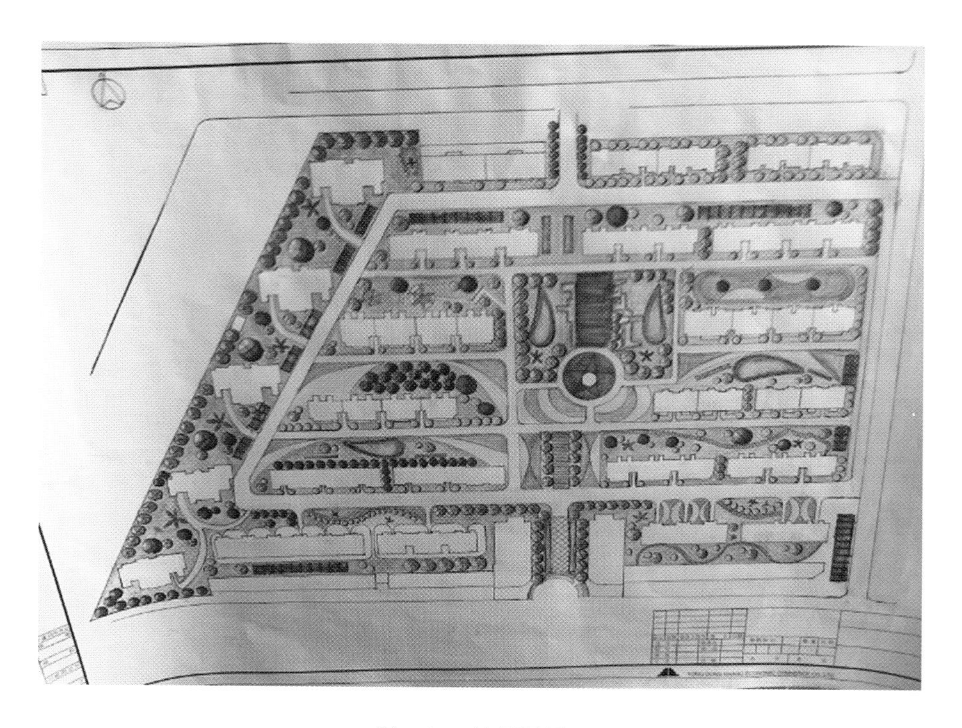

图 4-23　绘制图纸 2

图 4-24　绘制底盘

图 4-25　制作地形 1

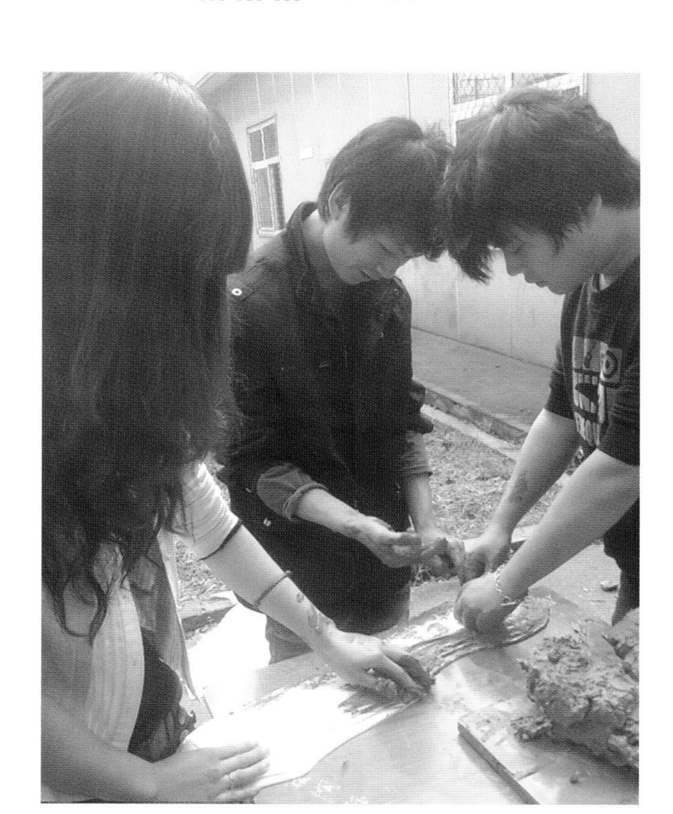

图 4-26　制作地形 2

图 4-27　制作地形 3

图 4-28　制作廊和亭

图 4-29　制作树木

图 4-30 教师指导

图 4-31 完成局部

图 4-32 制作水体

图 4-33 制作园路

图 4-34 局部组装 1

图 4-35　局部组装 2

图 4-36　制作完成作品 1

图 4-37　制作完成作品 2

图 4-38　制作完成作品 3

参考文献
References

[1] 黄信,张凌,曹喆.建筑模型制作教程[M].武汉:华中科技大学出版社,2013.
[2] 周至禹.思维与设计[M].北京:北京大学出版社,2007.
[3] 胡雨霞.展示设计材料与构造[M].北京:中国轻工业出版社,2013.
[4] 朴永吉,周涛.园林景观模型设计与制作[M].北京:机械工业出版社,2006.
[5] 田永复,中国园林建筑构造设计[M].北京:中国建筑工业出版社,2004.